Einsatzlehre der Polizei – Beurteilung der Lage

Die Methode

Rudi Heimann

Copyright © 2025 Rudi Heimann

Alle Rechte vorbehalten.

ISBN: 979-8-5037-7102-2

DER AUTOR

Rudi Heimann ist Vizepräsident des Hessischen Landeskriminalamtes; zuvor Vizepräsident eines Polizeipräsidiums, davor Leiter einer Zentralen Ausländerbehörde. Er lehrt im Nebenamt an der Hessischen Hochschule für öffentliches Management und Sicherheit Kriminologie, Führungslehre und polizeiliches Einsatzmanagement, ist Gastdozent an der Deutschen Hochschule der Polizei und dem BKA. Fachautor, Vorstandsmitglied der Plattform e. V. - Menschen in komplexen Arbeitswelten und Mitherausgeber sowie einer der führenden Kommentatoren des Handbuchs zur Polizeidienstvorschrift 100 VS-NfD - Führung und Einsatz der Polizei.

Seine Laufbahn begann 1982 beim damaligen Bundesgrenzschutz als Polizeiwachtmeister im mittleren Dienst. 1989 wechselte er nach einem zweijährigen Auslandsaufenthalt für die Deutsche Lufthansa zur hessischen Landespolizei, absolvierte das Studium zum gehobenen Dienst, war bis 1999 Angehöriger des Spezialeinsatzkommandos Frankfurt am Main und nach dem Studium zum höheren Polizeivollzugsdienst ab 2001 in unterschiedlichen Führungspositionen tätig. Zu seiner Tätigkeit zählt auch die Polizeiführung in Sonderlagen.

INHALT

1 Wofür das alles? 1
2 Die polizeiliche Einsatzsituation 6
3 Die Beurteilung der Lage 15
4 Beurteilung der Situation 20
5 Beurteilung des Auftrags 25
6 Wechselwirkungen 29
7 Wie geht es weiter? 31
8 Übungsteil – Auftragsanalyse 33
9 Übungsteil – Situationsanalyse 39
10 Übungsteil – Das Einkaufszentrum 43

WOFÜR DAS ALLES?

Das Leben ist voller Entscheidungen – so einfach ist das.

Sie haben sich entschieden, dieses Buch zu besorgen, entschieden, es aufzuschlagen und entschieden, diese Worte zu lesen. Ich hoffe, es gelingt mir, dass Sie dieses Buch auch bis zum Ende lesen und ich wünsche Ihnen, dass Sie anschließend ein wenig mehr über eine Methode wissen, mit der sie ihre Entscheidungen besser machen können. Eine gute Nachricht hätte ich auch noch für Sie: Sollten Sie, was sehr wahrscheinlich ist, dieses Buch vorrangig aus beruflichen Zwecken erworben haben, so werden Sie feststellen, dass Sie mit den Empfehlungen natürlich auch ihre Entscheidungen im privaten Umfeld weiter optimieren können.

Aber zunächst einmal zurück zur Arbeit. Wenn Sie sich für den Polizeiberuf entschieden haben, dürften Sie zu diesem Zeitpunkt bereits festgestellt haben, dass das Leben eines Polizeibeamten... [*Oha...da fällt mir auf...mal wird hier die weibliche, mal die männliche Geschlechtsform benutzt und Sie können sicher sein – ich meine einfach alle Menschen.*]
...aus seiner Vielzahl von Entscheidungen besteht, die auch gar nicht so selten sehr bedeutsam sein können. Der Tagesablauf eines Polizisten kann sich so gestalten, dass er sich am Morgen für die richtigen Worte entscheiden muss, um einem Elternteil klar zu machen, dass es mit seinem überdimensionalen SUV gerade nicht im Halteverbot vor der Grundschule halten darf, um sein Kind dort abzuliefern. Am Mittag versucht eine drogenabhängige Person während einer Kontrolle mit einer Spritze zuzustechen und der Polizist muss sich entscheiden, ob er ausweicht, wohin er ausweicht oder ob er anderweitig körperlich reagiert. Und wenige Stunden später am Nachmittag muss er den Eltern eine bedrückende Nachricht über ein jugendliches Unfallopfer überbringen – und wieder die passenden Worte finden. Zwischendurch ruft ihn sein Partner an und fragt, ob er lieber an das Meer oder in die Berge in Urlaub fahren möchte – er wäre

gerade mit der Urlaubsplanung beschäftigt. Während der Fahrt zu den Eltern des Unfallopfers springt eine Ampel auf "gelb" und der Polizist muss entscheiden, ob er stehenbleibt.

Was wird durch diesen beispielhaften Tagesablauf klar? Wir treffen permanent Entscheidungen und diese kommen manchmal mit zeitlichem Vorlauf auf uns zu, so dass wir überlegen können, was denn jetzt das Klügste sein könnte. Und wenige Sekunden später kommt eine andere Entscheidungssituation auf uns zu, die uns gerade keine Zeit zum Überlegen lässt. Es wird auch deutlich, dass diese Entscheidungen nicht immer "den anderen" oder "der Chefin" überlassen bleiben. Die Vielzahl der Entscheidungen wird durch den Polizeibeamten selbst getroffen und selbst wenn es eine Chefin gibt, die eine Entscheidung trifft, dann bleibt dem Beamten selbst immer noch die Entscheidung, OB er der Entscheidung nachkommt oder nicht und in aller Regel entscheidet er auch immer darüber, WIE er die Entscheidung praktisch umsetzt.

Praxisbeispiel OB und WIE
Die Dienstgruppenleiterin (DGL) entsendet nach einem Notruf die Streife zu einer Adresse, um eine Familienstreitigkeit zu schlichten [OB]. Über den Fahrweg, das Abstellen des Fahrzeuges, die Annäherung an das Haus und das polizeiliche Einschreiten in der Familie entscheidet die Streifenbesatzung [WIE].

Schauen wir uns zunächst noch einmal Entscheidungssequenzen in anderen Bereichen an, wie beispielsweise in der Feuerwehr.

Überlegen Sie bitte, was Ihnen an den folgenden Beispielen auffällt?

Praxisbeispiel Feuerwehr
1. Die Brandbekämpfung in einem Gebäude wird abgebrochen, obwohl noch Menschen zu retten wären.
2. Ein brennendes Gebäude wird betreten, um aus diesem noch Menschen zu retten.
3. Es wird darauf verzichtet, ein weiteres Standrohr zur Wasserentnahme aufzubauen.
4. Auf einer Lagekarte wird eine Wasserentnahmestelle nicht eingezeichnet.

Die Beispiele Nr. 3 und 4 beschreiben eine Entscheidung, ohne jeglichen Hinweis, warum so gehandelt wird. Beispiel Nr. 1 lässt auch nicht erkennen, warum die Brandbekämpfung abgebrochen wird, vielmehr formuliert dieses Beispiel sogar einen Grund, sie gerade nicht abzubrechen – weil noch Menschen im Gebäude sind. Einzig Beispiel Nr. 2 liefert einen erkennbaren Grund, warum sich die Feuerwehr entscheidet, das Gebäude zu betreten. Und genau darum geht es bei der Beurteilung der Lage (BdL): Sich Gedanken darüber zu machen, OB und WIE ich als Feuerwehrangehöriger, Soldatin oder Polizist handele. Und mir über die BdL den Grund dafür zu erschließen.

🚨 **Merke**
Die Beurteilung der Lage führt zu der Entscheidung, OB und WIE ich in einer Einsatzsituation handele.

Meine eigenen Erfahrungen als Studierender und als Dozent haben mir gezeigt, dass es für ungeübte Menschen schwierig ist, sich an eine Systematik zu halten, wie sie die BdL verlangt. Und ich fürchte, es wird nicht besser. Die Organisation für wirtschaftliche Zusammenarbeit und Entwicklung berichtete im Mai 2021, dass eine Sonderauswertung der PISA-Studie[1] ergeben hat, dass über die Hälfte der 15-Jährigen deutschen Jugendlichen nicht zwischen Fakten und Meinungen bzw. Behauptungen unterscheiden kann. Diese Fähigkeit ist allerdings eine der Voraussetzungen für eine vernünftige und gelungene BdL. Daher ein kurzer Check:

Tatsache oder Meinung?

1. Die Absperrung des Hauses wird nichts bringen. Der Täter will unbedingt weg und wird sie durchbrechen.

2. Die Person Z wurde zweimal wegen Tötungsdelikten verurteilt und hat zehn Jahre im Gefängnis verbracht.

3. Die Person X hat angekündigt, dass sie die Person Y verprügeln wird, wenn sie sie das nächste Mal trifft.

4. Die gestrige Durchsuchung brachte kein Ergebnis. Damit besteht keine Möglichkeit mehr, den Täter zu überführen.

Überlegen Sie bitte, was ist Tatsache, was ist Meinung?

Das zweite und dritte Beispiel sind Tatsachen. Die anderen beiden Beispiele sind Meinungen. Dabei muss immer die Gesamtheit der Aussage betrachtet werden. Es mag zwar eine Tatsache sein, dass eine Durchsuchung kein Ergebnis erbrachte, ob jedoch keine Möglichkeit mehr besteht, den Täter zu überführen, unterliegt einer menschlichen Einschätzung – also einer Meinung. Es wird auch immer nur das gewertet, was in dem Beispiel steht; dazugedacht wird nichts. Und: Nur aus dem Umstand, dass eine Aussage über die Zukunft getroffen wird, lässt sich alleine noch nicht ableiten, dass es sich um eine Meinung handelt. Z. B.: „Morgen früh wird es wieder hell, und damit verbessert sich die Sicht für die Walddurchsuchung nach der vermissten Person.", ist eine naturwissenschaftlich belegbare Tatsache.

> **🚨 Merke**
>
> **Dichten Sie zum Sachverhalt nichts hinzu und nehmen sie Schilderungen (in Klausuren) als tatsächlich gegeben hin.**

Beherrschen wir das Finden von Tatsachen, haben wir bereits den ersten wichtigen Schritt für die BdL hinter uns. Bevor wir uns jedoch diese Methode näher anschauen, zunächst eine Erklärung zu dem Gesamtsystem, in das die BdL eingebettet ist – den Grundbedingungen einer polizeilichen Einsatzsituation.

DIE POLIZEILICHE EINSATZSITUATION

Polizeiliche Einsatzsituationen sind etwas anderes wie das Löschen eines Gebäudes oder die Versorgung einer Verletzung. Während an einem Unfallort alle Beteiligten ein hohes Interesse daran haben, dass keiner der Helfer gefährdet wird und Verletzte versorgt werden, stellt sich das in vielen polizeilichen Einsatzsituationen anders dar. Mindestens der Betroffene, leider auch manchmal die zuschauenden Personen legen es in vielen Fällen darauf an, dass die polizeilichen Maßnahmen scheitern oder zumindest erschwert werden. Damit sind nicht die üblichen gaffenden Menschen gemeint, sondern die Zuschauer, die teilweise bewusst die eingesetzten Beamten bei ihren Amtshandlungen stören. Zusätzlich gibt es häufig eine unvollständige oder ungesicherte Informationslage. Hierdurch entstehen Gefühle der Unsicherheit bei einer ohnehin vorhandenen Komplexität mit einer unüberschaubaren Vernetzung differenzierter Zusammenhänge. Die Situation entwickelt sich auch ohne Tätigwerden ständig weiter. Dies hat zur typischen Folge, dass Zeitdruck entsteht und mit konkreten Maßnahmen nicht ewig gewartet werden kann. Es bedeutet aber auch, dass die Vollständigkeit der Informationssammlung mit dem Zwang zum Handeln unter Zeitdruck kollidiert.[2] An dieser Stelle sollen die wichtigsten Merkmale polizeilicher Einsatzlagen vorgestellt werden: Komplexität, Dynamik, Intransparenz, Unbestimmtheit und Polytelie („Vielzieligkeit" – *Das Fremdwort klingt schon etwas eleganter – oder?*).

Die **Komplexität** der Einsatzsituation ist durch eine Vielzahl einzelner Einflussfaktoren gekennzeichnet, von denen hier nur einige Beispiele genannt werden sollen:
- Wie gewaltbereit ist das Gegenüber?
- Wer ist in welchem Umfang betroffen?
- Ist die Kräftesituation ausreichend?
- Genügt der vorhandene Schutz durch die vorhandenen Führungs- und Einsatzmittel (Schutzweste) beim Einschreiten?

Die Komplexität entsteht durch die Anzahl der Einflussfaktoren, die Anzahl der Eingriffsmöglichkeiten sowie deren wechselseitigem Einfluss, die Verknüpfung dieser Umstände und deren gleichzeitige Betrachtung.[3] Hierdurch wird die kognitive Grenze der beteiligten Personen schnell erreicht und Kräfte können an ihre Handlungsgrenzen stoßen und den Überblick verlieren. Damit ist dieses Merkmal auch im höchsten Maß subjektiv, weil es von den Leistungsparametern und der Erfahrung des Individuums abhängig ist. Dies ist vergleichbar mit komplexen Steuerungsaufgaben, wie der eines Autos, Baggers, Hubschraubers oder einer Spielkonsole, die einem Anfänger schwer fallen, während darin erprobte Personen über die Bedienung der Steuerung und denen sich daraus ergebenden Bewegungen nicht mehr nachdenken müssen. Die Lösung liegt an dieser Stelle alleine in der Komplexitätsreduktion. Es sind daher grundsätzliche Verhaltensweisen gefragt, die einfach beherrschbar und weitgehend unabhängig von der Ausgangssituation nutzbar sind. Das sind beispielsweise die Grundsätze der Eigensicherung, die im Einsatztraining vermittelt werden oder die allgemeinen Einsatzgrundsätze, die immer zu beachten sind.

> **Merke**
>
> Die Komplexität einer Einsatzsituation kann durch die Beachtung grundsätzlicher Verhaltensweisen reduziert werden, die von der konkreten Situation unabhängig sind.

Die **Dynamik** der Lage entsteht dadurch, dass sich die Lage unabhängig von dem eigenen Handeln weiterentwickelt. Die Täter, Dritte und auch Umwelteinflüsse lassen sich von der Polizei nicht oder nur sehr bedingt steuern. Dies kann sogar das eigene Verhalten betreffen. Stressreaktionen von Kräften wären nicht ungewöhnlich und lassen sich im Grunde nicht kontrollieren. Je länger die Situation andauert, desto zahlreicher werden die Entwicklungs- und Einflussmöglichkeiten anderer Akteure. Es ist dabei weder vorhersehbar, wann, in welcher Intensität, noch in welche Richtung sich die Situation weiterentwickelt.

Wie schnell ist das Auto?

Zwei Autos fahren durch die Stadt. Eines fährt 50 km/h, das andere überholt mit 70 km/h. Als die Fahrzeuge auf exakt gleicher Höhe sind, bemerken beide Fahrer ein Hindernis und beide führen zum gleichen Zeitpunkt eine Vollbremsung durch. Das langsamere Auto kommt unmittelbar vor dem Hindernis zum Stehen. Wie schnell ist zu diesem Zeitpunkt noch das zu Beginn schnellere Auto? Schätzen Sie.

A) 30 – 40 km/h   B) 40 – 50 km/h   C) 60 km/h

Die meisten Menschen schätzen A) und 60 km/h wäre jedoch zutreffend. Unser Urteilsvermögen versagt, weil wir mit exponentiellen Entwicklungen (Bremsweg) nicht gut umgehen können

Wird nicht frühzeitig gehandelt, verstärkt sich der ohnehin vorhandene Zeitdruck und Handlungszwang. Die Folge ist, dass Entscheidungen schnell getroffen werden sollten – was jedoch wieder Auswirkungen auf die Entscheidungsqualität haben könnte. Dem wiederrum kann damit begegnet werden, dass die Entscheidungen gut vorgeplant sind und den taktischen Zielen dienen. Dazu müssen diese Ziele bekannt sein. Daher ist es auch nicht ausreichend, zu beobachten, an welcher Stelle sich das System gerade befindet. Vielmehr ist es erforderlich, herauszufinden, wohin es sich vermutlich bewegen wird. Im Zusammenhang mit der dynamischen Entwicklung der Lage spielt das defizitäre menschliche Zeitempfinden eine besondere Rolle. Komplexe Systeme reagieren möglicherweise nur verzögert auf einen Eingriff und nicht auf jeden gleichgelagerten Eingriff in der gleichen Art und Weise. Das kann an notwendigen Übermittlungszeiten von Nachrichten liegen, verloren gegangenen oder absichtlich missachteten Anweisungen sowie an der Reaktionszeit der Beteiligten. Dies macht es für den beobachtenden Menschen extrem schwierig und er wird unter Umständen ungeduldig, greift erneut ein und dieser Eingriff führt regelmäßig zu einer Übersteuerung. Diese Übersteuerung kann sich zum einen darin äußern, dass gleiche Anweisungen wiederholt gegeben werden – diese Tatsache alleine kann ebenfalls wieder

Auswirkungen auf das System (z. B. Demotivation „Halten die uns für doof?") entfalten. Zum anderen kann durch die zu frühe Nachregelung zu viel oder zu wenig getan werden. Das System und seine Beeinflussbarkeit weist Parallelen zu den eingeleiteten Steuerbewegungen eines Flugzeuges auf: Abhängig von vielen weiteren Faktoren reagieren Quer- und Seitenruderbewegungen nicht gleich schnell. Genauso wenig gelingt es dem unerfahrenen Tretbootfahrer beim ersten Versuch mit dem Boot sanft wieder am Steg anzulegen. Die schwer einschätzbare Eigenbewegung des Bootes führt regelmäßig zu einem Anstoßen. Wenn in dynamischen Situation nicht frühzeitig gehandelt wird, verstärkt sich der ohnehin vorhandene Zeitdruck und Handlungszwang. Die Folge ist, dass Entscheidungen schnell getroffen werden sollten – was jedoch wieder Auswirkungen auf die Entscheidungsqualität haben könnte. Die Informationslage ist mit einer höheren Wahrscheinlichkeit geringer, was die Unsicherheit erhöht.

> **Merke**
>
> **Durch frühzeitiges, zielorientiertes und standardisiertes Handeln lässt sich der Dynamik der Lage entgegenwirken.**

Je nach Gestaltung der Lage sind viele Einflussfaktoren nicht zugänglich. Dies bedeutet, dass die Einflussfaktoren, wie die Fragen selbst, zu den vorhandenen Kräften oder zur Gewaltbereitschaft des Gegenübers zwar dem Grunde nach bekannt sein können, jedoch die Antworten auf diese Fragen darauf (noch) nicht vorhanden sind. Zusätzlich fehlen die Verbindungen zwischen diesen Faktoren bzw. die sich daraus ergebenden Konsequenzen. So kann es zwar sein, dass bekannt ist, wer als Opfer von den Tathandlungen betroffen ist. Es lässt sich jedoch keine sichere Prognose dazu treffen, wie sich diese Personen verhalten werden. Diese **Intransparenz** ist eine wesentliche Quelle der Unbestimmtheit[4] und erfordert eine aktive und gezielte Informationsbeschaffung auf Seiten der Polizei. Dabei sollte von vorneherein akzeptiert werden, dass bestimmte Informationen nicht beschafft werden können und sich daher auf schnell und leicht verfügbare Informationen zum eigenen Vorteil konzentriert werden.

🚓 Merke
Die Intransparenz kann durch gezielte Informationsbeschaffung und die Konzentration auf verfügbare Informationen verringert werden.

Die Fähigkeit des Menschen, mit einer ungewissen Zukunft umzugehen, ist sehr beschränkt. Ungewissheit gefährdet die individuelle Handlungs- und Funktionsfähigkeit, die eng mit der Kontrollierbarkeit und Vorhersagbarkeit von Situationen verknüpft ist. Er möchte wissen:
- welche Situation genau gegeben ist, um sie adäquat einschätzen zu können.
- was als nächstes passiert, um die Entwicklung zu antizipieren.
- was man selbst tun könnte, um die Situation zu den eigenen Gunsten zu verändern.
- welche Konsequenzen dieses Handeln hat.
- im Einzelfall auch, wie sich Dritte verhalten und uns damit unterstützen.

Und nahezu keine dieser Fragen ist in einer überraschenden Einsatzlage verlässlich zu beantworten. Wenn nunmehr diese Form von Kohärenz und Ordnung der Umwelt fehlt, fühlen sich Menschen den Ereignissen hilflos ausgeliefert. Wir entwickeln dann sehr schnell Sicherungstendenzen, suchen den Kontakt zu anderen, um uns deren Unterstützung zu sichern, blenden störende Informationen aus (Wahrnehmungsabwehr) und unsere Bereitschaft zur Selbstreflektion sinkt. Wenn diese Ereignisse unerwartet auftreten, im Verlauf unklar sind, einen neuartigen Charakter haben und komplex sind, erhöht sich das Gefühl der **Unbestimmtheit** auf ein kaum noch kontrollierbares Level; zusätzlich ist das eigene **Kompetenzempfinden** massiv gestört.

Das Gefühl, mit seinem Handeln eine Wirkung zu erzielen, ist eine der Vorbedingungen, damit wir als Menschen motiviert sind, zu handeln. Daher verwenden wir sehr viel Energie darauf, dieses Kompetenzempfinden zu erreichen und unter allen Umständen zu schützen. Das eigene Kompetenzgefühl wird vor allem durch Misserfolge gefährdet. Sie indizieren, dass die eigenen Fähigkeiten oder das eigene Wissen nicht ausreichen, um in einer Situation überzeugend zu agieren und Entscheidungen zu treffen, die die eigenen Ziele durchsetzen. Dies kann zur Folge haben, dass wir (unangenehme) Realitäten ausblenden, nur das zur Kenntnis nehmen, was zur eigenen Meinung passt, weniger kritisch über unser eigenes Handeln nachdenken, Zweifel an der eigenen Planung aussetzen und wir enden letztlich in einer Kompetenzillusion, ohne die wirklichen Probleme zu lösen. Ist der Einsatz erfolgreich rechnen wir dies unserer eigenen Genialität und unserem taktischen Geschick zu; ist er es nicht, tragen widrige Umstände oder andere die Verantwortung. Dieser Mechanismus kann dazu führen, dass wir nicht die Aufgaben veranlassen, die getan werden müssten, sondern es wird sich auf die Aufgaben konzentriert, die kurzfristig Erfolge versprechen. Wir sind dazu auch bereit, zum Schutz dieses Gefühls innerhalb von Entscheidungen höhere Risiken einzugehen

In einer solchen Einsatzsituation lässt sich kurzfristig nur sehr bedingt diesem Gefühl wirksam begegnen. Mittel- und langfristig wirksam hingegen sind handlungsorientierte Formen des Nachdenkens über Lösungsszenarien[5] anstatt der Tendenz zu einer genauen, wiederholten, nicht selten kreisenden und andauernden Analyse und Reflexion der Ausgangssituation. Die dabei wichtigste Einflussgröße ist eine bestehende Handlungssicherheit. Dies hat unmittelbare Auswirkungen auf die Vorbereitung von Einsatzkräften auf diese Lagen. Die Handlungssicherheit wird durch Aus- und Fortbildung mit dem Schwerpunkt des handlungsorientierten Trainings sichergestellt.

> **Merke**
>
> **Die handlungsorientierte Beschäftigung mit diesen Einsatzsituationen versetzt die Kräfte mittel- und langfristig in die Lage, Gefühle der Hilflosigkeit aufzuheben.**

Die Einsatzsituation wird zugleich von mehreren Zielen beeinflusst, die häufig gegenläufig aufgestellt sind und je nach Herkunft gleichzeitig berücksichtigt werden müssen. Das bedeutet, dass nicht nur die Ziele der Täter und der Polizei naturgemäß gegenläufig sein werden, sondern dass diese Ziele auch auf einer Seite miteinander in Widerstreit geraten können – Strafverfolgung einerseits („Laufe ich dem fliehenden Täter hinterher?",

> **Merke**
>
> **Zielkonflikten in Konfliktsituationen kann mit klaren und bewussten Zielsetzungen begegnet werden.**

Gefahrenabwehr andererseits („Versorge ich zunächst das blutende Opfer?"). Dieser **Polytelie** kann begegnet werden, indem Informationen auf mehreren Ebenen bewertet werden und im Vorfeld eine differenzierte und bewusste Zielstruktur über Leitlinien und taktische Ziele aufgebaut wird.

Die polizeiliche Lageentwicklung wird also häufig von Einflussfaktoren bestimmt, die nicht oder nur sehr bedingt zu kontrollieren sind und deren Art und Ausmaß nicht immer vollumfänglich bekannt sind. Dieser Unbestimmtheit lässt sich auf allen Entscheidungsebenen durch qualifizierte methodische Verfahren begegnen, die die stattfindenden Planungs- und Entscheidungsprozesse unterstützen. Ziel dabei ist, in einer nachträglichen Betrachtung alles Erforderliche getan zu haben, um zu einer bestmöglichen Entscheidung zu gelangen.

> **Merke**
>
> **Strukturierte Verfahren können auch in Phasen hoher Unbestimmtheit Entscheidungsprozesse qualitativ verbessern.**

Entscheidungen sind Ergebnisse eines Wahlprozesses und eine Entscheidungssituation liegt dann vor, wenn auf der Basis bestimmter Daten aus mehreren Handlungsoptionen eine Alternative gewählt werden kann.[6] Das bedeutet auch, dass wenn es keine Handlungsalternative gibt, keine Entscheidungssituation vorliegt. Dabei ist die Wahl zwischen Nichtstun und einer etwaigen einzigen aktiven Handlungsoption bereits als eine Entscheidungssituation zu betrachten.

Der Prozess des Entscheidens lässt sich besser strukturieren, wenn:[7, 8]

- das Problem nach Art und Umfang definiert ist,
- der Entscheidungsträger ein klares und operationales (*messbares*) Ziel hat und
- eine Entscheidungslogik aufzuweisen vermag,
- die Alternativen bekannt sind,
- diesen sich Ergebnisse eindeutig zuordnen lassen,
- ein Lösungsverfahren existiert, mit dem sich die optimale Alternative bestimmen lässt.

Und dieses Lösungsverfahren ist die BdL. Sie ist dabei nur ein Teil des Planungs- und Entscheidungsprozesses der Polizei. Dieser Prozess wiederum ähnelt anderen Bereichen, wie dem:
- Management-PDCA-Zyklus[9],
- Führungsvorgang der Feuerwehr[10] oder
- der Bundeswehr[11],
- des OODA-Loops[12] internationaler Militärs oder
- dem Regelwerk von Eisenbahnunternehmen[13].

All diese Systeme beinhalten einen Teilschritt, der als „plan" (eng.), „Planung mit Beurteilung der Lage", „Beurteilung der Lage", „orient" (eng.) oder „Fehler-, Möglichkeits- und Einfluss-Analyse" bezeichnet wird. Dieser jeweils unterschiedlich benannte Teilschritt beschreibt einen Beurteilungsprozess, welche Schlüsse aus den vorhandenen Daten zu ziehen sind - als Grundlage späterer Entscheidungen.

DIE BEURTEILUNG DER LAGE

Das Verfahren der Analyse vorhandener Daten hat – wie so häufig – einen militärischen Ursprung. So fanden im Militär die Begriffe der Beurteilung der Lage in Verbindung mit dem an sie anknüpfenden Entschluss 1924 erstmals Erwähnung[14].

Mit der BdL wird das Ziel verfolgt, Problemfelder herauszuarbeiten und die möglichen Lösungsansätze – auch unter Zeitmangel – zu identifizieren, ohne einen Entschluss vorwegzunehmen. Üblicherweise erfolgt eine BdL in den Bereichen der Feuerwehr, Polizei und im Militär in rein gedanklicher Form; lediglich in sehr komplexen und außergewöhnlichen Lagen (*oder in Klausuren* ☺) wird diese schriftlich niedergelegt. Verändert sich die Situation, wird auch die BdL neu durchgeführt. Und da sich die Situation fast fortwährend – häufig auch ohne aktives Zutun – verändert, ist auch fortwährend eine neue BdL erforderlich.

Sie ist eine ungenaue, heuristische Methode und stützt sich im Wesentlichen auf die Übertragung von Erfahrungen und Wissen, die durch den anwendenden Menschen mit seiner Subjektivität keine Steigerung der Treffsicherheit und Objektivität erfährt. Dennoch verhindert ein systematisches und standardisiertes Vorgehen dabei ein Abdriften in Fehlertendenzen und die Handlungsorganisation der Menschen wird letztlich verbessert.

> 🚓 **Merke**
>
> **Der beurteilende Mensch erhöht mit seiner Subjektivität die Zuverlässigkeit der Beurteilung <u>nicht.</u>**

Hierbei gibt es Systeme mit Problemlagen, die sich leichter und verlässlicher einer BdL unterziehen lassen, als andere. Immer dann, wenn die Anzahl der bekannten Einflussfaktoren innerhalb einer Situation steigt, diese messbar und sinnvoll interpretierbar sind, detaillierter und tiefer zerlegt, sowie verknüpft werden können, wird die sich daraus ergebende Beurteilung präziser – leider auch komplexer und damit anspruchsvoller in der Anwendung. Handelt es sich um physikalische oder physiologische Vorgänge, sind die abgeleiteten Schlüsse häufig hoch verlässlich (siehe Ereignisse und Fragestellungen). Die Vorschriften des Militärs, der Polizei und der Feuerwehr sind sehr uneinheitlich, was die Art der zu beurteilenden Faktoren angeht. Zum dem tatsächlichen Verfahren der BdL selbst treffen sie keine konkreten Aussagen. Daher wäre die Suche in der PDV 100 VS-NfD auch vergebens.

Überlegen Sie bitte kurz, welche Einflussfaktoren sind jeweils wichtig?

Ereignisse und Fragestellungen

1. Im Meer breitet sich eine Wasserwelle aus. Wann trifft die Welle den Küstenabschnitt?

2. Der Wald brennt. Wohin und wie schnell breitet sich das Feuer aus?

3. Eine Person erleidet im Rettungswagen einen Herzinfarkt. Welche ärztlichen Maßnahmen sind zu ergreifen?

4. Ein militärischer Konflikt steht an. Sollen die eigenen Kräfte angreifen oder sollen sie den Angriff der Gegenseite abwarten?

5. Nach einem Bankraub kommt es zu einer Geiselnahme. Sollen die Geiseln durch einen Zugriff befreit werden oder soll ein freier Abzug gewährt werden?

In dem ersten Beispiel existieren gerade einmal zwei wesentliche Einflussfaktoren, die helfen, die Frage zu beantworten. Es sind die Wellenlänge und die Wassertiefe, die zu einer sehr hoch verlässlichen Antwort führen würden. Für die Feuerausbreitung ist die Vegetation, die Topografie und die meterologischen

Verhältnisse entscheidend, während es bei dem Herzinfarkt der akute Zustand des Patienten, eine eventuell vorhandene Standardmedikation sowie die Ausstattung des Rettungswagens und des Ziel-Krankenhauses sind. In beiden Fällen (zwei und drei) wird eine hoch verlässliche BdL möglich sein. Im vierten Beispiel gibt die Heeresdienstvorschrift[15] die zu prüfenden Einflussfaktoren Umwelt, Feindlage, Eigene Lage und das Kräfteverhältnis vor. Für die Polizei konzentriert sich die BdL in dem Beispiel (5.) auf die Faktoren Gefährdung, Kräfte, Führungs- und Einsatzmittel, Medien, Opfer, Raum, Störer und Zeit. Die BdL von Militär und Polizei wird allenfalls zu einer mäßig verlässlichen Antwort auf die gestellen Fragen führen – weil es trotz vieler Faktoren nicht nur um vollständige messbare (physikalische oder physiologische) Einflüsse handelt, sondern Menschen mit einem eigenen Willen beteiligt sind.

> **Merke**
>
> **Je mehr Einflussfaktoren bekannt sind, desto verlässlicher wird und gleichzeitig komplexer gestaltet sich eine Beurteilung der Lage.**

Die BdL schöpft sich grundsätzlich aus drei Bereichen. Den vorliegenden polizeilichen Erkenntnissen, die zu einem bestimmten Zeitpunkt zum Lagebild zusammengeführt werden, den (gesetzlichen) Aufgaben der Gefahrenabwehr und Strafverfolgung oder erteilten Aufträgen und darüber hinaus existierenden Vorgaben oder Leitlinien. Letzteres können beispielsweise die besonderen Einsatzgrundsätze sein, die es für besondere Lagen gibt (*siehe PDV 100 VS-NfD*) oder spezifische Regeln für den taktischen Einsatz der Polizei und die es ebenfalls zu beachten gilt. Damit ergibt sich folgendes Bild:

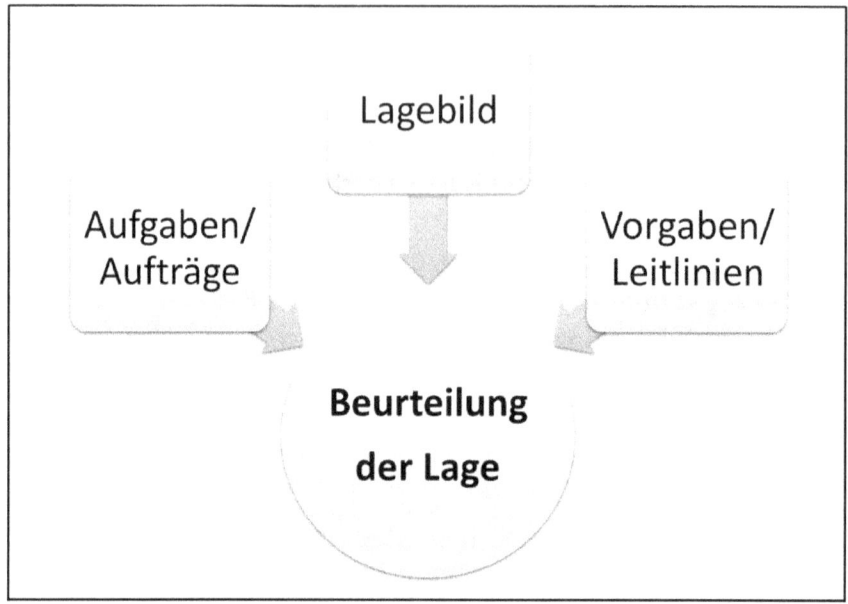

Beurteilung des Auftrages

Militär und Polizei kennen die ausdrückliche Analyse der Auftragslage im Rahmen der BdL (Polizei) bzw. unmittelbar davor (Militär); im Führungsvorgang der Feuerwehr ist der Auftrag Teil der Lage und steht vor bzw. über dem System. Diese systemische Ungleichheit ist darin begründet, dass die Feuerwehr im Grunde genommen stets einen Gefahrenabwehrauftrag verfolgt; die Polizei hingegen wechselt zwischen Gefahrenabwehr und Strafverfolgung bzw. nimmt schwerpunktmäßig das eine oder das andere wahr – woraus sich jeweils andere Ableitungen ergeben. Für ein Wirtschaftsunternehmen wäre eine solche Auftragslage gleichzusetzen mit Unternehmenszielen wie Gewinnmaximierung oder Reputationswahrung in der Öffentlichkeit. *Für die in diesem Buch stattfindende Methodendarstellung schauen wir uns jedoch zunächst die Beurteilung der Situation an, weil diese immer nach dem gleichen Schema erfolgt – auch wenn sie systematisch nach der Auftragsbeurteilung startet.* Denn sollten wir im Rahmen der Auftragsanalyse zu dem Ergebnis kommen, dass es nichts zu tun gibt, die Polizei also unzuständig ist, müssen wir uns auch nicht überlegen, was zu tun ist.

Beurteilung der Situation

Für die Situationsanalyse im Rahmen der BdL werden bestimmte Einflussfaktoren berücksichtigt, die in der Polizei als Lagefeld bezeichnet werden. Standardisiert kennt die Polizei 25 verschiedene Lagefelder, wobei es sich dabei um keine abschließende Aufzählung handelt. Diese sind: Auftrag, Bedrohung, Behörden, Bevölkerung, Gefahren, Gefährdung, Grenze, Information und Kommunikation (IuK), Kräfte, Führungs- und Einsatzmittel (FEM), Kriminalität, Medien, Opfer, Politik, Raum, Recht, Schaden, Staatsschutz, Störer, Umweltschutz, Veranstaltung, Verkehr, Versammlung, Wetter, Zeit. Das Lagefeld „Anlaß" gab es bis 1999. Hiermit sind alle Ereignisse, Erkenntnisse über beteiligte Personen und alle für den Einsatz bedeutsamen Umstände gemeint. An den Hochschulen der Polizeien findet dieser Sammelbegriff – häufig aus „klausurtechnischen" Gründen – immer noch Verwendung. Sollten Sie davon betroffen sein, lassen Sie sich das doch einmal von Ihren Dozenten erklären, warum etwas Verwendung findet, was seit über 20 Jahren anders geregelt ist. [*Und wenn Sie eine für Sie logische Erklärung erhalten haben, schicken Sie mir diese bitte zu. Ich bin sehr gespannt...*]

Es gibt in der Praxis prinzipiell die beiden Methoden des Zwei- oder Dreischritts, wie diese Analyse durchgeführt wird. Die Zweischrittmethode ist grundsätzlich anspruchsvoller und wird hier nicht dargestellt; sie sollte erfahrenen und geübten Beurteilern vorbehalten bleiben. Zudem wird sie in Klausuren nicht genutzt.

Um die Schritte der hier vorgestellten Dreischrittmethode direkt zu verdeutlichen, wird ein fiktives Fallbeispiel genutzt, das eine gewisse Grundkomplexität aufweist, ohne überladen zu sein. Dabei wird auf die Darstellung des konkreten Einsatzes polizeilicher Kräfte verzichtet, der mitbeurteilt werden würde; die Darstellung polizeilicher Einsatztaktiken über das allgemein bekannte Maß hinaus verbietet sich an dieser Stelle (Teilweise Einstufung der PDV 100 als Verschlusssache – Nur für den Dienstgebrauch).

BEURTEILUNG DER SITUATION

> **In der Psychotherapie**
>
> Über Notruf wird um 10:40 Uhr durch die Sekretärin einer in der Fußgängerzone liegenden psychotherapeutischen Praxis mitgeteilt, dass die 45-jährige Maria Klein zu Beginn einer Sitzung gegenüber ihrem Therapeuten geäußert habe, dass sie durch das laufende Scheidungsverfahren keine Zukunftsperspektive mehr sehe. Sie hätte ihre vierjährige Tochter heute Morgen in die Kindertagesstätte St. Hildegard gebracht und dann den von ihr getrenntlebenden Mann aufgesucht, um ihn mit einem Messer zu töten. Sie habe ihn jedoch nicht angetroffen, da er vermutlich schon zu seiner Arbeitsstelle oder seiner neuen Freundin unterwegs gewesen sei. Der behandelnde Psychotherapeut unterbrach die Sitzung unter einem Vorwand, um den Notruf über das Sekretariat absetzen zu lassen und kehrte in die Sitzung zurück. Die Adresse von Maria Klein ist bekannt; 1200 m von der Praxis entfernt. Praxis und Kita liegen 200 m voneinander entfernt. Die Adresse des Mannes ist bekannt und liegt 500 m von der Praxis entfernt. Die Leitstelle beauftragt Kräfte mit der Führung und dem Einsatz in dieser Lage.

Überlegen Sie bitte, wie mit Ihrem jetzigen Wissen eine BdL aussehen könnte – unabhängig von Ihrer konkreten Aufgabe in der Situation?

Mit dem Dreischrittmethode wird drei Fragestellungen nachgegangen (*daher der Name* 😊):
1. Welche Einflussfaktoren sind zu beachten?
2. Was bedeuten sie und welche Wirkung entfalten sie bzw. könnten sie entfalten?
3. Was muss, kann oder sollte, wann und wie getan werden?

An den Hochschulen der Polizeien werden die einzelnen Elemente dieses Dreischritts auch mit den Begriffen:
(1) „Fakt", „Ansprechen" oder „Aussage"
(2) „Beurteilen", „Auswerten", „Analyse", „Bewertung" oder „Erkenntnis"
(3) „Folgern", „Schlussfolgerung" oder „Konsequenz"
beschrieben.

Das Vorgehen zur Beantwortung dieser Fragen stellt sich wie folgt dar:

1. Auswahl der Einflussfaktoren

Die Auswahl der relevanten Einflussfaktoren ist abhängig von der Art der Situation sowie der Bedeutung einzelner Faktoren für die Situation; dabei können abhängig von Auftrag und Funktion des Beurteilenden verschiedene Faktoren von Interesse sein, andere Gewichtungen erforderlich werden oder unterschiedliche Aspekte an Bedeutung gewinnen. So wird sich eine Streife vor Ort mehr auf die konkrete Situation konzentrieren, die Einsatzsachbearbeiterin in der Leitstelle mehr auf die gesamte Kräftesituation und der Polizeiführer auf die Auftragslage in der Gesamtheit.

In dem Fallbeispiel scheinen konkretere (Psychotherapeut, Sekretärin) und potentielle Opferstrukturen (Ehemann, Kind, Dritte) mit den damit verbundenen Gefährdungen, räumliche Gegebenheiten und auch der Zeitpunkt des Ereignisses in Verbindung mit den räumlichen Gegebenheiten relevant zu sein. Hier beginnt bereits die erste Herausforderung. Werden zu viele Einflussfaktoren gemeinsam betrachtet, wird der sich anschließende zweite Schritt komplexer und die Wahrscheinlichkeit, Faktoren nicht weiter zu beachten, steigt. Am Ende der BdL sollte jedoch kein relevanter Umstand unberücksichtigt bleiben. Die Faktoren können auf mehrfach in unterschiedlichen Lagefeldern Verwendung finden. Im Fallbeispiel und zur Erläuterung der Systematik könnte eine solche zunächst begrenzte Auswahl von Einflussfaktoren auf die Lage wie folgt aussehen:

- **Die Person Maria Klein hat in einer psychotherapeutischen Sitzung fremdgefährdende Äußerungen getroffen. In der Praxis halten sich mindestens eine Sekretärin und ein Psychotherapeut auf.**

Da dem Beurteilenden die Grundsituation bekannt ist, genügt hier eine verkürzte Repräsentation, z. B. des fremdgefährdenden Verhaltens, ohne dieses detailliert zu wiederholen. In jedem Fall sind zunächst nur die Fakten zu beurteilen; Vermutungen sind deutlich zu kennzeichnen.

2. Analyse, Verknüpfung und Bewertung der Einflussfaktoren

Die identifizierten Einflussfaktoren aus dem ersten Schritt werden hinsichtlich ihres Informationsgehaltes analysiert, mit anderen Daten verknüpft und bewertet. Wertungen, Abwägungen und Prognosen sollen sprachlich unterschieden werden können.

Eine genauere Bewertung dieser Faktoren könnte u. a. folgende Wertungen und Prognosen offenbaren:

- **Vorausgesetzt, die Person Maria Klein befindet sich noch in dem Gespräch mit dem Psychotherapeuten, könnten sich je nach Gesprächsverlauf oder dem Bemerken des abgesetzten Notrufs Gefährdungsmomente für den Psychotherapeut, die Sekretärin oder unbeteiligte Dritte ergeben. In den anderen Gebäudeteilen halten sich möglicherweise Unbeteiligte auf. Andere Personen könnten versuchen, das Gebäude zu betreten. Von Maria Klein könnten dann auch für diese Menschen Gefahren ausgehen.**
- **Bewegt sich Maria Klein unkontrolliert aus der Praxis, könnte sie versuchen, ihre ursprüngliche Absicht weiter in die Tat umzusetzen. Es könnten dann auch Gefahren für Menschen außerhalb der Praxis bestehen.**

- **Die seitens Maria Klein getroffene Aussage, dass sie ihren Ehemann nicht angetroffen habe, könnte nicht der Realität entsprechen und sie könnte ihren Ehemann bereits verletzt oder getötet haben, wodurch Straftaten begangen wurden und im Verletzungsfall hochakute Gefährdungsmomente für den Verletzten bestehen.**
- **Es dürften weitere Bezugspersonen existieren, die für eine Einflußnahme auf Maria Klein von Bedeutung oder die für Maria Klein von Belang sein könnten.**

In der praktischen Durchführung der BdL entsteht die Herausforderung, an dieser Stelle noch keine Aktivitäten, Maßnahmen oder Handlungsoptionen einzuflechten.

3. Ableitung der Handlungsoptionen

Aus dem vorangegangenen Analyseprozess werden Handlungsoptionen und Ressourceneinsatz sowie deren Orte und Zeitpunkte abgeleitet, die später in den Entschluss übernommen werden.

Unter Einsatz aller zur Verfügung stehenden Kräfte sind sofort:
- **Eingriffs-, Schutz- und Evakuierungsmaßnahmen für die Personen in der Praxis sind einzuleiten. Unbeteiligte Dritte sind zu evakuieren, andere Personen sind durch Absperrungen am Betreten des Gebäudes zu hindern und zu warnen. Rettungsdienste und Notarztwagen sind bereitzustellen.**
- **Weitere Bezugspersonen und deren Aufenthaltsorte sind zu ermitteln. Angepasste Schutzmaßnahmen sind an diesen Aufenthaltsorten einzuleiten.**

Außerhalb eines solchen Fließtextes ist eine BdL auch in Tabellenform oder alternativen Darstellungsmethoden wie einer Mindmap möglich. Eine Tabelle gewährt regelmäßig eine bessere Übersicht; eine Mindmap hat weitere Vorteile (siehe Wechselwirkungen). Eine solche Tabelle lässt sich im Quer- oder im Hochformat anlegen. Ein Beispiel für das Querformat könnte wie folgt aussehen:

Anzusprechender Faktor	Bewertung	Schlussfolgerung
Die Praxis liegt in der Innenstadt. Es ist 10:40 Uhr.	Uhrzeit und Lage der Praxis legen nahe, dass sich in und um die Praxis unbeteiligte Dritte aufhalten. Für diese können sich Gefährdungsmomente konkretisieren.	Sofort: Evakuierung Dritter. Absperrung Gebäude.
Das Kind der Gefährderin ist in der Kita. Die Mutter hat fremdgefährdende Äußerungen getroffen.	Wenn sich Maria Klein schon aus der Praxis entfernt hat, könnten Gefahren für das Kind bestehen (erweiterter Suizid).	Sofort: Verdeckte Schutzmaßnahmen. Kita bis Lageende schließen. Evakuierung vorbereiten.
Maria Klein hat nach eigenen Angaben bereits einen Tötungsversuch ihres Mannes unternommen. Diverse andere Anlaufstellen sind bekannt.	Es können sich weitere potentielle Ereignisorte an der Wohnung des getrenntlebenden Ehemannes, ihrer eigenen Wohnung, der Arbeitsstelle des Ehemannes, der Wohnung der neuen Partnerin des Ehemannes oder an der Kindertagesstätte sowie sonstigen relevanten Anlauförtlichkeiten von Bezugspersonen entwickeln.	Sofort: Adressen ermitteln. Verdeckte Schutzmaßnahmen.

BEURTEILUNG DES AUFTRAGS

Bevor in der BdL die Lagefelder Anlass, Rechtslage, Raum, Zeit oder das wichtige Lagefeld Kräfte beurteilt werden, ist die Beurteilung des Lagefelds Auftrag vorzunehmen. Diesem Schritt liegt der Gedanke zu Grunde, dass sich die Polizei zunächst immer fragen muss, ob sie tätig werden muss und darf, bevor sie darüber reflektiert, in welcher Form sie dies realisiert.

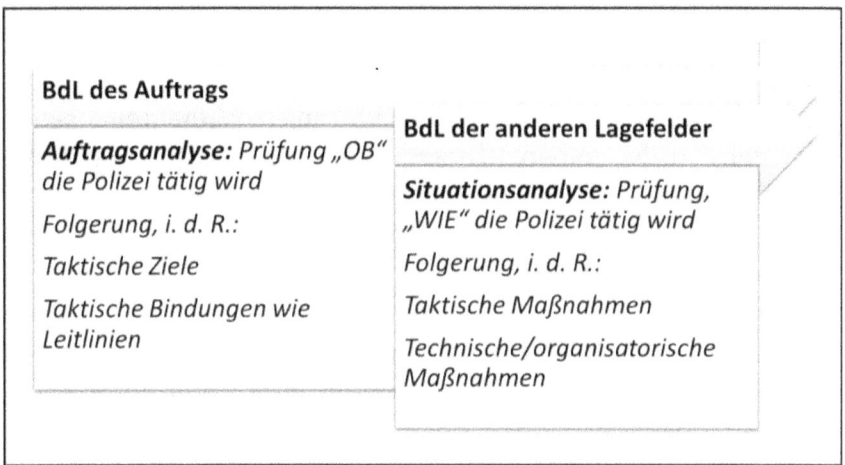

Schritt 1 – Fakt/Ansprechen

Im Bereich der Nennung der gegebenen Fakten ist es für die Analyse geboten, das Verhalten oder situative Element zu benennen, welches letztlich eine Gefahr oder eine Straftat darstellt. Ergangene dienstliche Aufträge, besondere Vorgaben oder Leitlinien sind zu skizzieren.

Schritt 2 – Beurteilen/Auswerten/Analyse/ Bewertung

In den allermeisten polizeilichen Lagen schöpfen sich die Aufgabenstellungen aus dem präventiven oder repressiven Bereich – dies sehr häufig doppelfunktional, d. h. gleichzeitig gefahrenabwehrend und strafverfolgend. Die genannten Fakten werden daher auf etwaige Straftaten (oder Ordnungswidrigkeiten) geprüft und gefährdete Rechtsgüter zur Begründung einer gefahrenabwehrrechtlichen Zuständigkeit identifiziert.

Im folgenden Teilschritt ist es erforderlich, eine (zu diesem Zeitpunkt gültige) Vorrangentscheidung zu treffen. Damit wird insbesondere sichergestellt, dass für kommende Maßnahmen:
- die richtige Reihenfolge gewählt wird (z. B. leisten Erster Hilfe vor Beschuldigtenbelehrung oder Beweismittelsicherung),
- das zutreffende Rechtsgebiet Anwendung findet (z. B. StPO oder Polizeigesetz),
- Weisungsbefugnisse geklärt sind (im Bereich der StPO die Staatsanwaltschaft, im Bereich der Gefahrenabwehr die Polizei),
- eine Rückfallebene für hoheitliche Maßnahmen besteht.

Es gibt hierbei keinen generellen Vorrang der Gefahrenabwehr[16] vor der Strafverfolgung, noch umgekehrt. Die gesetzlichen Aufgaben sind gleichrangig. Insbesondere bei sogenannten Gemengelagen, in denen die Polizei sowohl repressiv als auch präventiv agieren kann und will, bleiben strafprozessuale und gefahrenabwehrrechtliche Maßnahmen grundsätzlich nebeneinander anwendbar. Sie stehen als staatliche Aufgaben mit unterschiedlicher Zielrichtung gleichberechtigt nebeneinander[17].

Im Ergebnis wird es zwar häufig so sein, dass die Gefahrenabwehr Vorrang vor der Strafverfolgung erlangt, dies erfolgt jedoch im Kollisionsfall durch einen Mechanismus, der eine konkrete Abwägung vornimmt. Dem liegt die Überlegung zugrunde, dass die Begriffe der Gefahrenabwehr und der Strafverfolgung nur begrenzt Eigenwert für die Abwägung genießen, sondern dass dahinter stets Rechtsgüter stehen. Diese gefährdeten Rechtsgüter sind – auch vor dem Hintergrund zeitlicher Aspekte – gegeneinander abzuwägen. Dabei gelten ähnliche Regeln wie bei der rechtfertigenden Pflichtenkollision des Strafrechts. Diese Prüfung kann dazu führen, dass vorerst unterlassene Maßnahmen später durchgeführt, im Umfang oder der Zielrichtung verändert, reduziert oder durch alternative Maßnahmen ersetzt werden.

Eine nicht zu vernachlässigende Besonderheit stellen Zuständigkeiten aus dem Schutz privater Rechte dar. Durch das Verhalten oder die Gesamtumstände könnte der Verlust privater Rechte drohen und damit entstehen weitere polizeiliche Handlungsverpflichtungen.

Erteilte Aufträge durch z. B. die Leitstelle haben Bindungscharakter und benannte Leitlinien oder Vorgaben entwickeln Auswirkungen auf die polizeiliche Aufgabenerfüllung; beispielsweise könnten dies Leitlinien für bestimmte Veranstaltungen sein, bei der besondere Verhaltensweisen zu berücksichtigen sind.

Taktische Bindungen könnten sich zudem aus dem LF 371 VS-NfD ergeben oedere im Fall der Inanspruchnahme von Sonder- und Wegerechten aus den Bestimmungen der §§ 35 und 38 StVO.

Schritt 3 – Folgern/Schlussfolgerung
Die sich aus der Analyse ergebenden taktischen Bindungen, in der Form von taktischen Zielen und auch nicht selten in der Form von Leilinien werden genannt. Konkrete taktische Maßnahmen oder technische-organisatorische Maßnahmen sind den anderen Lagefeldern vorbehalten. Sollten sich Notwendigkeiten ergeben, private Rechte zu schützen, ist dies aufzuführen. Die Folgerung aus diesem dritten Schritt wird 1 : 1 in den späteren Entschluss übernommen.

In dem Fallbeispiel könnte sich dies wie folgt darstellen:

Anzusprechende Faktoren
Maria Klein (MK) hat in einer Therapiesitzung Äußerungen getroffen, die auf ein massives fremdgefährdendes Verhalten (Tötungsversuch), insbesondere gegenüber ihrem getrenntlebenden Ehemann, hindeuten. Die Leitstelle hat die Übernahme der Führung angeordnet.

Bewertung
Mit der versuchten Tötung der Kindsvaters könnte MK Straftaten aus dem Bereich der §§ 223 ff. oder §§ 211 f. i. V. m. §§ 22, 23 StGB verwirklicht haben. Hieraus leitet sich eine strafprozessuale Zuständigkeit gem. § 163 (1) StPO für die Polizei ab.

MK befindet sich im unmittelbaren Einwirkungsbereich auf den Therapeuten und weitere Personen. Hieraus könnten Gefährdungen für Rechtsgüter wie Leib oder Leben entstehen. Damit besteht eine Zuständigkeit nach (polizeirechtliche Zuständigkeit nach dem jeweiligen Polizeigesetz, z. B. § 1 (1) HSOG, § 1 (1) NPOG, 1 (1) SächsPolG oder § 1(2) SPolG).
Da sich MK mit hoher Wahrscheinlichkeit noch in der Praxis befindet, eine gefährdende Ankündigung im Raum steht und MK grundsätzlich schwer einschätzbar ist, ist mit einem Schadenseintritt gegenüber bedeutenden Rechtsgütern unmittelbar zu rechnen und der Gefahrenabwehr ist der Vorrang einzuräumen.
Der Auftrag der Leitstelle stellt zudem eine dienstliche Weisung dar, der Folge zu leisten ist.
Es existieren landesweit gültige Leitlinien zum Umgang mit suizidgefährdeten Personen, die zu beachten sind.

Schlussfolgerung
Es sind sofort, unter Verzicht auf die Bildung von Reserven:
- weitere anlassbezogene Informationen zu gewinnen
- Gefahren für Leib oder Leben aller Beteiligten und Unbeteiligten abzuwehren
- eine Gefahrenverlagerung zu vermeiden
- ein beweissicheres Strafverfahren sicherzustellen

🚔 Merke

Wechselwirkungen bestehen zwischen den Einflussfaktoren und den geplanten polizeilichen Maßnahmen.

WECHSELWIRKUNGEN

Noch innerhalb der BdL sind die Wechselwirkungen zwischen den Einflussfaktoren zu beachten. Polizei ist nur in sehr seltenen Fällen mit monokausalen Ursache-Wirkungsketten beschäftigt; vielmehr herrschen komplexe Geschehnisse vor und immer dann, wenn es eine menschliche „Gegenseite" gibt, wird es besonders herausfordernd. Insbesondere im militärischen Bereich wird dies deutlich. Der Gegner ist möglicherweise mit den gleichen Ressourcen ausgestattet und auch er überlegt, wie er seine Ziele verwirklichen kann; beide Zielkorridore dürften nicht übereinstimmen. Ähnliches gilt innerhalb anderer Systeme. Wie lange ein Einsatzfahrzeug zum Einsatzort benötigt, der Auftreffzeitpunkt einer Wasserwelle, die auf eine Küstenlinie zuläuft oder die Zeitdauer bis zur Inbetriebnahme eines Lichtmastkraftwagens lassen sich einfach und hoch verlässlich analysieren. Die Einflussfaktoren während der polizeilichen Aufnahme eines reinen Allein-Sachschadenunfalls ohne besondere Umstände, das Löschen eines brennenden Strohhaufens oder die Ausgabe von 500 Schutzmasken an einer Schule unter Beachtung bestimmter Hygieneregeln sind annähernd verlässlich bestimmbar und die Anzahl möglicher Wechselwirkungen eher gering.

Wie sieht es jedoch mit einer Lage aus, in der ein Fabrikgelände brennt und niemand weiß genau, welche Stoffe dort wo gelagert werden oder es werden Verhandlungen mit Geiselnehmern geführt, über deren Motive völlige Unklarheit herrscht – wie auch über den Zustand und Anzahl der Geiseln. Die meisten Einflussfaktoren sind unbekannt und daher ist gerade in diesen Fällen auch auf mögliche Wechselwirkungen zwischen den geplanten Aktivitäten zu achten. Die bereits beurteilten Einflussfaktoren sind ebenso wie die durch die BdL identifizierten Maßnahmen einer erneuten Beurteilung im Hinblick auf ihre Wechselwirkungen zu unterziehen. Für die Illustration von Wechselwirkungen zwischen den Einflussfaktoren oder Aktivitäten sind Darstellungsformen wie eine Mindmap oder andere Grafikunterstützungen sehr gut geeignet.

Der Dreischritt selbst bietet durch seinen klaren und abgegrenzten Aufbau in seiner ursprünglichen Form zunächst keine Hilfestellung zu Beurteiligung von Wechselwirkungen. Möglich ist, eine vierte Spalte für diese Wechselwirkungen hinzuzufügen. Dabei ist dies alleine noch keine weitergehende Prüfung der Wirksamkeit von taktischen Maßnahmen.

Wechselwirkung nach Sicherung einer Unfallstelle
Nach einem Unfall (Sachschaden) trifft eine Streife am innerörtlichen Unfallort ein. Die zwei Unfallbeteiligten stehen streitend an ihren fahrbereiten Fahrzeugen, die weiterhin mitten auf dem Fahrstreifen abgestellt sind. **Fakt:** Die ungesicherten Fahrzeuge und Personen befinden sich auf der Fahrbahn. **Beurteilen:** Personen und Fahrzeuge sind durch den weiteren Straßenverkehr gefährdet und stellen Hindernisse dar. **Folgern:** Die Personen werden aufgefordert, sich am Fahrbahnrand aufzuhalten und die Fahrzeuge werden durch den Streifenwagen mit angeschalteter Signalanlage abgesichert. **Wechselwirkung:** Durch das Belassen der Fahrzeuge auf der Fahrbahn und den Einsatz des Streifenwagens als Absicherung wird die Unfallstelle räumlich verlängert. Hierdurch ist für den übrigen Verkehr ein Passieren schwieriger und der Verkehr wird zähflüssiger oder sich stauen.

WIE GEHT ES WEITER?

Ist die BdL abgeschlossen, finden sich bestimmte Folgerungen häufiger als andere. Diese Folgerungen verdienen eine besondere Beachtung. Dies kann darauf hindeuten, dass sie zeitlich dringender zu verfolgen sind oder an diesen Aktivitäten Schwerpunkte in qualitativer und personeller Hinsicht zu setzen sind. Am Ende können je nach Lage auch gegenläufige Folgerungen stehen – so ist beispielsweise in einem anderen hypothetischen Fall die Warnung der Bevölkerung einerseits wichtig, andererseits verlangen möglicherweise Ermittlungsgründe die strikte Geheimhaltung, weil sonst der Täter vermutlich nicht gefasst werden kann. Auch für solcherlei Dilemmasituationen existieren Entscheidungshilfen, denn „ein bisschen warnen" lässt sich die Bevölkerung nicht. Nach der BdL erfolgt unter Abwägung der Vor- und Nachteile der Übergang in die Entschlussfassung.

Auswahl der Lagefelder

Analyse, Verknüpfung und Bewertung

Ableitung der Entschlussmöglichkeiten

Mit dem Entschluss wird die Grundstruktur des weiteren Vorgehens in der Form von Leitlinien, taktischen Zielen, taktischen Maßnahmen und wesentlichen technischen-organisatorischen Maßnahmen vorgegeben und die Verantwortung festgelegt. Die

Anwendung dieses Beurteilungsprozesses wird insbesondere im militärischen Bereich sehr intensiv trainiert, bis sich idealerweise ein Automatismus einstellt.

Die BdL ist als Instrument der Analyse nicht unumstritten. Intuitive Elemente, begrenzte Rationalität und Unvollständigkeit der Analyse sind gängige Kritikpunkte. Verändert sich die Situation – was für polizeiliche Lagen sehr typisch ist, muss die BdL wiederholt und erforderlichenfalls neue Ableitungen getroffen werden.

Und jetzt: Geht es zum Urlaub eher in die Berge oder an das Meer?

ÜBUNGSTEIL – AUFTRAGSANALYSE

Zum Training und besseren Verständnis folgen jetzt zwei Übungsfälle, z. T. mit Lagefortschreibung, in denen Sie beispielhaft die Auftrags- und die Situationsanalyse durchführen können.

Die Baustelle
Sie sind zu zweit in Ihrem Dienstbezirk auf Streife ohne besonderen Auftrag unterwegs. Sie beobachten aus Ihrem Fahrzeug heraus eine Gruppe von offensichtlich minderjährigen Kindern (ca. acht Jahre), die sich auf einer Baustelle aufhält. Die Kinder stehen auf einem schmalen Holzbrett, dass über einer etwa drei Meter tiefen offenen Baugrube liegt. Von dort werfen sie mit Steinen auf neuwertige Fenster, die an der Hauswand lehnen und dort vermutlich zum baldigen Verbau bereitgestellt wurden; bislang wurden noch keine Fenster getroffen.

Bevor Sie sich einer formellen Lösung zuwenden, prüfen Sie zunächst Ihr "polizeiliches Gefühl": Sollten Sie etwas tun? Und wenn ja, wo liegt Ihr Handlungsschwerpunkt – um was kümmern Sie sich als allererstes?

Und jetzt zur formellen Lösung. Sie erinnern sich, dass Sie zunächst die Auftragsanalyse durchführen (Seite 23) – Sie fragen sich also, OB Sie einschreiten? Ich hoffe mal, dass Ihr Gefühl Sie nicht betrogen hat. Im ersten Schritt sprechen Sie kurz den Sachverhalt an; dies könnte wie folgt aussehen:

Schritt 1 – Fakt/Ansprechen

Anzusprechende Faktoren
Mehrere unbekannte Kinder versuchen, auf einem Brett über einer Baugrube stehend, Fenster zu zerstören.

Wie, das war schon alles? Ja – für mich würde das in einer Klausur völlig genügen. Fragen Sie sich stets, was letztlich für Ihr Einschreiten bedeutsam ist. Ist es das Alter der Kinder? Ist es wichtig, ob die Baugrube zwei oder drei Meter tief ist und das Brett schmal? Oder ist es bedeutsam, was mit den Fenstern vermutlich geplant ist? Nichts von alledem wird etwas daran ändern, OB Sie anhalten und sich um den Sachverhalt kümmern oder weiterfahren. Daher beschränken Sie sich bitte auf das Wesentliche.

In Schritt 2 werten Sie die Fakten aus. Wenn Sie in diesem Schritt merken, dass Sie zu bestimmten Inhalten des Schrittes 1 überhaupt nichts sagen, dürfen Sie bereits ahnen, dass die Erwähnung dieser Umstände in Schritt 1 voraussichtlich überflüssig war.

Schritt 2 – Beurteilen/Auswerten/Analyse/ Bewertung

Bewertung

Die unbekannten Kinder könnten in die Baugruppe stürzen und sich selbst verletzen. Dies begründet eine gefahrenabwehrrechtliche Zuständigkeit nach (dem jeweiligen Polizeigesetz, z. B. § 1 (1) NPOG).

Das versuchte Zerstören der Fenster könnte eine Straftat nach § 303, i. V. m. §§ 22, 23 StGB – Sachbeschädigung, darstellen. Vorausgesetzt, dass die Kinder nicht zu dem Bauherrn gehören, könnten Sie durch ihren Aufenthalt auf der Baustelle eine Straftat nach § 123 StGB – Hausfriedensbruch, begangen haben. Es entsteht eine repressive Zuständigkeit nach § 163 (1) StPO.

Durch das Zerstören der Fenster könnten Haftungsansprüche des Eigentümers ausgelöst werden. Zur Sicherung privatrechtlicher Ansprüche besteht ebenfalls eine polizeirechtliche Zuständigkeit zum Schutz privater Rechte nach (dem jeweiligen Polizeigesetz, z. B. § 1 (2) BremPolG).

Die Kinder gefährden ihre körperliche Unversehrtheit, ggf. sogar ihr Leben und dies unmittelbar, weil Sie jetzt gerade auf dem Brett stehen; damit ist der Gefahrenabwehr der Vorrang einzuräumen.

Die Identität der Kinder ist unbekannt.

Schritt 3 – Folgern/Schlussfolgerung

Schlussfolgerung
Es sind sofort, unter Verzicht auf die Bildung von Reserven:
- weitere anlassbezogene Informationen zu gewinnen
- Gefahren für Leib oder Leben der Kinder abzuwehren
- private Rechte zu schützen
- ein beweissicheres Strafverfahren sicherzustellen

Haben Sie gemerkt: Dies ist ein sehr ähnlich strukturiertes Vorgehen. Insbesondere die Schlussfolgerung weicht nur in Nuancen ab. Und die gute Nachricht ist: So wird das auch bleiben. Damit Sie sich das noch besser merken können, besprechen wir sofort die Auftragsanalyse des zweiten Falls. Wenn Sie sich sicher sind, dass Sie diesen Schritt bereits beherrschen, blättern Sie einfach weiter bis zur Situationsanalyse.

Der Benzinkanister I

Sie sind zu zweit in Ihrem Dienstbezirk auf Streife und erhalten von der Leitstelle den Auftrag, zu einer Familienstreitigkeit zu fahren; vor einem Einfamilienhaus würde herumgeschrien. Sie stellen Ihr Fahrzeug leicht abgesetzt ab und nähern sich dem Haus. Sie sehen einen ca. 45jährigen Mann. In ca. acht Metern Entfernung von ihm steht ein geschlossener Benzinkanister. Eine Frau schreit aus dem offenen Fenster zu dem Mann, dass er „es lassen" soll. Ihren weiteren Worten ist zu entnehmen, dass er in der Ausfahrt des Hauses auf dem gepflasterten Boden das Benzin entzünden will, um Unkraut zu vertilgen.

Sollten Sie etwas tun? Und wenn ja, wo liegt Ihr Handlungsschwerpunkt – um was kümmern Sie sich als allererstes?

Anzusprechende Faktoren

Eine unbekannte Person beabsichtigt sehr wahrscheinlich, mit dem Kraftstoff aus einem Benzinkanister Unkraut zu vertilgen. Der Kanister ist geschlossen und acht Meter von der Person entfernt.

Bewertung

Das Hantieren mit einem leicht entzündlichen Kraftstoff in der beabsichtigten Weise stellt eine unsachgemäße Verwendung dar, die für die Person zu Brandverletzungen führen kann. Dies begründet eine gefahrenabwehrrechtliche Zuständigkeit nach (dem jeweiligen Polizeigesetz, z. B. § 1 (1) PolG BW).

Der Auftrag der Leitstelle stellt zudem eine dienstliche Weisung dar, der Folge zu leisten ist.

Bei ungehindertem zeitlichem Ablauf wird der Mann voraussichtlich mit dem Kraftstoff wie beschrieben verfahren, so dass dann ein Schadenseintritt wahrscheinlich wird. Da die Person noch zu keiner Handlung angesetzt hat, liegt weder der Verdacht einer Straftat noch eine Ordnungswidrigkeit vor; damit ist der Gefahrenabwehr der Vorrang einzuräumen.

Die Identität der Personen ist unbekannt.

Schlussfolgerung

Es sind sofort, unter Verzicht auf die Bildung von Reserven:
- weitere anlassbezogene Informationen zu gewinnen
- Gefahren für Leib oder Leben des Mannes und Unbeteiligter abzuwehren

Möglicherweise versuchen Sie, an dieser Stelle auch eine strafprozessuale Zuständigkeit zu begründen; vielleicht, weil Sie damit eine Rückfallebene haben.

Jedoch mal ehrlich: Wenn Sie einen Dieb auf frischer Tat beobachten und ihm dann hinterherlaufen, dann tun Sie das nicht aus Gründen der Gefahrenabwehr. Und bei dieser Person im Benzinkanisterfall handeln Sie in dieser Fallkonstellation bis zu diesem Moment ausschließlich gefahrenabwehrend und denken überhaupt nicht an eine Straftat oder Ordnungswidrigkeit. Das wird sich jedoch gleich ändern und damit zeigt sich, dass der Prozess der BdL immer wieder durchdacht werden muss, um sich den polizeilichen Handlungsspielraum angemessen zu erweitern. Die Lage entwickelt sich fort:

Der Benzinkanister II

Der Mann geht während des Geschreies der Frau zu dem Benzinkanister, öffnet diesen und ruft zu der Frau, dass „sie ihr Maul halten soll, sonst würde es ihr wie dem Unkraut ergehen. Er hätte sowieso die Schnauze von ihr voll."

Anzusprechende Faktoren

Eine unbekannte Person beabsichtigt sehr wahrscheinlich, mit dem Kraftstoff aus einem Benzinkanister Unkraut zu vertilgen und droht seiner vermutlichen Partnerin mindestens Brandverletzungen an. Der Kanister ist offen und im unmittelbaren Einwirkungsbereich der Person.

Bewertung

Das Hantieren mit einem leicht entzündlichen Kraftstoff in der beabsichtigten Weise (Unkrautvertilgung) stellt eine unsachgemäße Verwendung dar, die für die handelnde Person selbst zu Brandverletzungen führen kann. Die Gefahr der Verletzung gilt umso mehr für die Tat gegenüber der Frau, die die männliche Person konkret angekündigt hat. Dies begründet insgesamt eine gefahrenabwehrrechtliche Zuständigkeit nach (dem jeweiligen Polizeigesetz, z. B. Art. 2 (1) BayPAG).

Die Drohung gegenüber der Frau könnte eine Straftat nach §§ 223, 224 i. V. m. 22, 23 StGB – Gefährliche Körperverletzung, § 240 StGB – Nötigung oder § 241 StGB – Bedrohung darstellen.

Das Ausbringen des Benzins könnte eine Umweltstraftat gem. §§ 324 ff StGB oder zumindest eine Ordnungswidrigkeit darstellen. Hierdurch würde sich insgesamt eine strafprozessuale Zuständigkeit nach § 163 (1) StPO bzw. § 53 (1) OWiG ergeben.

Der Auftrag der Leitstelle stellt zudem eine dienstliche Weisung dar, der Folge zu leisten ist.

Bei ungehindertem zeitlichem Ablauf wird der Mann voraussichtlich mit dem Kraftstoff wie beschrieben verfahren, so dass ein Schadenseintritt wahrscheinlich wird. Für den Fall der Verwirklichung gegenüber der Frau sind hochwertige Rechtsgüter – und diese zeitlich unmittelbar – gefährdet, so dass der Gefahrenabwehr der Vorrang einzuräumen ist.
Die Identität der Personen ist unbekannt.

Schlussfolgerung
Es sind sofort, unter Verzicht auf die Bildung von Reserven:
- weitere anlassbezogene Informationen zu gewinnen
- Gefahren für Leib oder Leben des Mannes, der Frau und Unbeteiligter abzuwehren
- eine Gefahrenverlagerung zu vermeiden
- ein beweissicheres Strafverfahren sicherzustellen

Bedenken Sie bitte: So wie sich in dieser Situation die Lage von einer Gefahrenlage zu einer Gemengelage (Präventiv und Repressiv) mit gefahrenabwehrrechtlichem Schwerpunkt erweitert, kann sie sich auch wieder zurückentwickeln oder einen strafprozessualen Schwerpunkt entwickeln. Sie fragen sich, wie das funktionieren soll? Schauen Sie mal hier:

Der Benzinkanister III

Bevor die Streife irgendwie tätig werden kann, zieht der Mann unvermittelt eine Schusswaffe, erschießt die Frau, wirft die Waffe weit von sich und legt sich sofort auf den Boden mit den Worten: „Jetzt ist es erledigt. Nehmt mich fest."

Das darauffolgende Tätigwerden der Streife wird sich in dieser Lageentwicklung vorrangig bzw. nahezu ausschließlich an strafprozessualen Gesichtspunkten orientieren.

ÜBUNGSTEIL – SITUATIONSANALYSE

Bleiben wir zunächst bei dem Fall mit den Kindern und der Baustelle. Sie wissen bereits durch die Auftragsanalyse, dass Sie etwas tun werden. Durch die jetzt folgende Situationsanalyse stellen Sie fest, WAS Sie tun werden. Erinnern wir uns an die taktischen Ziele, die Sie mit der Auftragsanalyse identifiziert haben:

Es sind sofort, unter Verzicht auf die Bildung von Reserven:
- weitere anlassbezogene Informationen zu gewinnen
- Gefahren für Leib oder Leben der Kinder abzuwehren
- private Rechte zu schützen
- ein beweissicheres Strafverfahren sicherzustellen

Zunächst suchen Sie sich gedanklich die naheliegendsten Lagefelder, die es zu analysieren gilt. Weniger wichtig – auch weil keine Aussage im Sachverhalt dazu getroffen ist – sind: Bedrohung, Behörden, Bevölkerung, FEM, Grenze, IuK, Kriminalität, Medien, Opfer, Politik, Raum, Recht, Schaden, Staatsschutz, Störer, Umweltschutz, Veranstaltung, Verkehr, Versammlung, Wetter, Zeit.

Analysen zur Kräftesituation, Recht und Raum könnten getroffen werden, treten jedoch vor den offensichtlich tangierten Lagefeldern Gefahren bzw. Gefährdung zurück.

Sollten Sie im Verlauf der Analyse feststellen, dass alle taktischen Ziele bedacht sind, können sie grundsätzlich mit der Analyse stoppen – insbesondere bei einfach gelagerten Sachverhalten. Wir befinden uns gedanklich zum Zeitpunkt des Eintreffens am Ereignisort. Los geht's:

Anzusprechende Faktoren – Gefahren, Gefährdung
Mehrere unbekannte Kinder versuchen in einer Baustelle, auf einem Brett über einer Baugrube stehend, Fenster zu zerstören.

Bewertung – Gefahren, Gefährdung
Die Kinder könnten herabstürzen und sich verletzen. Wenn es ihnen gelingt, die Fenster zu zerstören, tritt ein Sachschaden ein. Der Aufenthalt auf dem Baustellengelände könnte unerlaubt sein. Die Identität der Kinder ist unbekannt, jedoch für die weitere Bearbeitung relevant.

Schlussfolgerung – Gefahren, Gefährdung
- Aufklärung hinsichtlich der Zulässigkeit des Aufenthaltes und Feststellung der Identität der Kinder.
- Untersagung des Spielens der Kinder auf der Baustelle, erforderlichenfalls Platzverweis der Kinder.
- Identifikation des Baustelleninhabers über die Leitstelle.
- Kontaktaufnahme mit den Eltern und Übergabe der Kinder an diese.
- Weiterleitung der Identität der Kinder an den Baustelleninhaber.
- In Abhängigkeit des Alters der Kinder Fertigung eines Berichtes oder einer Strafanzeige.

Am Ende der Situationsanalyse müssen Sie durch die gefolgerten taktischen Maßnahmen und wesentlichen technische/organisatorische Maßnahmen sämtliche taktischen Ziele abgedeckt haben.

- weitere anlassbezogene Informationen zu gewinnen
    - ✓ Aufklärung hinsichtlich Identität der Kinder.
    - ✓ Identifikation des Baustelleninhabers über die Leitstelle.
    - ✓ Kontaktaufnahme mit den Eltern.
- Gefahren für Leib oder Leben der Kinder abzuwehren
    - ✓ Untersagung des Spielens der Kinder auf der Baustelle.
    - ✓ Erforderlichenfalls Platzverweis der Kinder.
    - ✓ Übergabe der Kinder an die Eltern.
- private Rechte zu schützen
    - ✓ Weiterleitung der Identität der Kinder an den Baustelleninhaber.

- ein beweissicheres Strafverfahren sicherzustellen
  ✓ Fertigung eines Berichtes oder einer Strafanzeige.

Die **Baustellensituation** erachte ich durch diese Situationsanalyse hinreichend bewertet.

Für die **Benzinkanistersituation** stellt sich zum Zeitpunkt der Ausgangssituation – also des ersten Eintreffens die Situationsanalyse wie folgt dar:

Anzusprechende Faktoren – Gefahren, Gefährdung
Eine unbekannte Person beabsichtigt sehr wahrscheinlich, mit dem Kraftstoff aus einem Benzinkanister Unkraut zu vertilgen. Der Kanister ist geschlossen und acht Meter entfernt. Eine ebenfalls unbekannte Frau ist im Haus, kommuniziert mit ihm über das Fenster und fordert ihn auf, dies zu unterlassen.

Bewertung – Gefahren, Gefährdung
Das Hantieren mit einem leicht entzündlichen Kraftstoff in der beabsichtigten Weise stellt eine unsachgemäße Verwendung dar, die für die Person zu Brandverletzungen führen kann. Bei ungehindertem zeitlichem Ablauf wird der Mann voraussichtlich mit dem Kraftstoff wie beschrieben verfahren, so dass dann ein Schadenseintritt wahrscheinlich wird. Die Identität der Personen ist unbekannt, jedoch für die weitere Bearbeitung und Einschätzung relevant. Die Frau ist vermutlich seine Partnerin und ihre Identität mindestens für eine Zeugeneigenschaft relevant.

Schlussfolgerung – Gefahren, Gefährdung
Feststellung der Identität der beiden Personen.
Aufklärung hinsichtlich des Vorhabens der männlichen Person.
Erforderlichenfalls Untersagung der sich abzeichnenden Verwendung des Benzins als Unkrautvertilgungsmittel.

Mit der Lagefortschreibung „Benzinkanister II" kann diese vorhandene Situationsanalyse wie folgt ergänzt werden:

Anzusprechende Faktoren – Gefahren, Gefährdung
Die unbekannte männliche Person droht der weiblichen Person mit einer Körperverletzung durch Benzin. Die Frau befindet sich in dem Haus, der Mann ist vor dem Haus.

Bewertung – Gefahren, Gefährdung
Wenn sich der Mann in das Haus bewegt, erhöht sich die Gefährdung für die weibliche Person und ein Zugriff auf die männliche Person ist erschwert. Das Ausbringen von Benzin in einem Raum führt zu einer weiteren Gefahrensteigerung und kann einen Zugriff für herkömmliche Kräfte unmöglich machen.

Schlussfolgerung – Gefahren, Gefährdung
Sofortige Gewahrsamnahme der männlichen Person und Absperrung des Hauseinganges.
Zeugenschaftliche Befragung der weiblichen Person

Möglicherweise würden Sie in der Diskussion um weitere taktische Maßnahmen oder technische/organisatorische Maßnahmen zu Vorschlägen kommen, wie dem Anfordern von Feuerwehr, NAW, weiterer starker Kräfte, etc.
Tatsächlich halte ich eine solche Haltung für wirklichkeitsfern. Zu diesem Zeitpunkt ist ein sofortiges Handeln der vor Ort verfügbaren Kräfte gefragt. Selbstverständlich wäre die Ausgangssituation günstiger, wenn zwei Streifen mit vier Beamten vor Ort wären. Sind sie jedoch nicht und es besteht auch weder die Option, das Eintreffen weiterer Kräfte abzuwarten, noch das eigene Handeln durch andere Aktivitäten zu verzögern.

Die Lagefortschreibung „Benzinkanister III" diente dazu, den Wechsel in eine strafprozessuale Richtung deutlich zu machen und wird hier aufgrund des sehr ungewöhnlichen Tatverlaufs nicht näher betrachtet.

ÜBUNGSTEIL – DAS EINKAUFSZENTRUM

Das Einkaufszentrum

Sie sind zu zweit auf Streife in einem belebten Stadtgebiet unterwegs. Gegen 16:20 Uhr – kurz vor dem Feierabendverkehr – werden Sie von der Leitstelle zu einem Vorfall in ein großes Einkaufszentrum beordert. Ein Ladendetektiv hat gemeldet, dass ein etwa 17-jähriger Jugendlicher nach einem mutmaßlichen Ladendiebstahl mit einem Messer in der Hand in das Treppenhaus geflüchtet sei. Nachdem Sie eingetroffen sind, stellen Sie fest, dass der Junge sich dort verschanzt hat. Mehrere Passanten berichten von Schreien und zeigen sich verängstigt. Unklar ist, ob der Jugendliche sich selbst oder andere bedroht. Das Einkaufszentrum ist zum Zeitpunkt des Eintreffens stark frequentiert.

Auch jetzt der Vorschlag: Bevor Sie sich einer formellen Lösung zuwenden, prüfen Sie zunächst Ihr "polizeiliches Gefühl": Sollten Sie etwas tun? Und wenn ja, wo liegt Ihr Handlungsschwerpunkt – um was kümmern Sie sich als allererstes? Geht es um die Aufklärung der Straftat oder um das abwenden einer potentiellen Gefahr, die von dem Jugendlichen für sich selbst oder gegenüber anderen ausgeht?

Beginnen wir nun mit der formellen Lösung in Form der Auftragsanalyse. Sie fragen sich, OB Sie einschreiten? Und ich denke, dass Sie das bejaht haben. Zunächst sprechen Sie kurz den Sachverhalt an; möglicherweise wie folgt:

Schritt 1 – Fakt/Ansprechen

Anzusprechende Faktoren
Ein mutmaßlicher Ladendieb ist geflüchtet und bedroht andere Menschen oder will sich selbst schädigen.

Und auch hier würde mir dieser eine Satz zum Sachverhalt in einer Klausur völlig ausreichen. Für die Frage, OB wir polizeilich tätig werden ist weder Zeit, noch Diebesgut, noch das Drohmittel entscheidend. Nichts von alledem wird etwas daran ändern, OB Sie anhalten und sich um den Sachverhalt kümmern oder weiterfahren. Daher beschränken Sie sich bitte auf das Wesentliche.

In Schritt 2 werten Sie die Fakten aus. Wenn Sie in diesem Schritt merken, dass Sie zu bestimmten Inhalten des Schrittes 1 überhaupt nichts sagen, dürfen Sie bereits ahnen, dass die Erwähnung dieser Umstände in Schritt 1 voraussichtlich überflüssig war.

Schritt 2 – Beurteilen/Auswerten/Analyse/ Bewertung

Bewertung

Der Jugendliche könnte sich selbst oder andere verletzen. Dies begründet eine gefahrenabwehrrechtliche Zuständigkeit nach (dem jeweiligen Polizeigesetz, z. B. § 1 (2) SPolG).

Das versuchte oder tatsächliche (mutmaßliche) Entwenden eines fremden Gutes könnte eine Straftat nach § 242, i. V. m. §§ 22, 23 StGB – Diebstahl, darstellen. Sollte er das Messer bei der Tat mit sich geführt haben, könnte dies einen Diebstahl mit Waffen gem. § 244 i. V. m. §§ 22, 23 StGB verwirklichen. Das mögliche physische Einwirken auf Passanten und je nach Verlauf zuvor auf den Ladendetektiv könnte Straftaten gem. §§ 252 StGB (Räuberischer Diebstahl), 223, 223a StGB (gef. Körperverletzung), 240 StGB (Nötigung) oder § 241 StGB (Bedrohung) verwirklicht haben. Es entsteht eine repressive Zuständigkeit nach § 163 (1) StPO.

Der Jugendliche ist auf der Flucht und sein aktuelles Verhalten führt zumindest zu Angstreaktionen anderer Menschen. Für ihn als Täter könnte eine subjektiv ausweglose Situation bestehen. Damit besteht eine unmittelbare Gefahr für die körperliche Unversehrtheit, ggf. sogar Leben, weil dies jetzt gerade geschieht; damit ist der Gefahrenabwehr der Vorrang einzuräumen.

Die Identität des Jugendlichen ist unbekannt.

Der Auftrag der Leitstelle stellt zudem eine dienstliche Weisung dar, der Folge zu leisten ist.

Schritt 3 – Folgern/Schlussfolgerung

Schlussfolgerung
Es sind sofort, unter Verzicht auf die Bildung von Reserven:
- weitere anlassbezogene Informationen zu gewinnen
- Gefahren für Leib oder Leben des Jugendlichen und Unbeteiligter abzuwehren
- ein beweissicheres Strafverfahren sicherzustellen

Unverändert die gleiche Struktur in der Auftragsanalyse. Und warum sollte es auch anders sein, da die Gefahrenabwehr und die Strafverfolgung die beiden Hauptaufgaben der Polizei sind. Es kommt einzig und allein darauf an, festzustellen, ob eine Gefahr oder eine Straftat vorliegt und die Bearbeitung dann in die richtige Reihenfolge zu bringen, die gerade im Moment der Beurteilung angezeigt ist.

Jetzt folgt die Situationsanalyse in der Sie feststellen, WAS Sie tun werden. Orientieren Sie sich an den o. a. taktischen Zielen, die Sie identifiziert haben. Zunächst zu den wichtigsten Lagefeldern: Gefahren, Gefährdung, Bevölkerung und Kräftesituation. Zunächst nicht betrachten wir – auch weil dazu wenig bis nichts im Sachverhalt steht: Bedrohung, Behörden, FEM, Grenze, IuK, Kriminalität, Medien, Opfer, Politik, Raum, Recht, Schaden, Staatsschutz, Störer, Umweltschutz, Veranstaltung, Verkehr, Versammlung, Wetter, Zeit.

Sollten Sie im Verlauf der Analyse feststellen, dass alle taktischen Ziele bearbeitet sind, können sie grundsätzlich mit der Analyse stoppen – insbesondere bei einfach gelagerten Sachverhalten. Wir befinden uns gedanklich zum Zeitpunkt des Eintreffens am Ereignisort. Los geht's:

Anzusprechende Faktoren – Kräftesituation
Die Streife ist alleine vor Ort. Es sind eine unbekannte Anzahl von Personen involviert. Der Täter hat sich verschanzt und ist mit einem Messer bewaffnet.

Bewertung – Kräftesituation

Es sind verschiedene taktische Maßnahmen erforderlich (u. a. Umstellung, später Absperrung, Zeugenbefragung, Aufklärung, Zugriff), die möglichst zeitgleich erfolgen sollten. Zwei Beamte reichen dafür nicht aus. Die Bewaffung des Jugendlichen könnte den Einsatz besonderer FEM (DEIG) oder besonders ausgebildeter Kräfte erforderlich machen.

Schlussfolgerung – Kräftesituation

- Alarmierung von Kräften, die über einen DEIG verfügen
- Alarmierung weiterer starker Kräfte
- Alarmierung von Spezialeinheiten (SEK) und Spezialkräften (VG)

Exkurs – Was sind "starke" Kräfte?		
Bezeichnung	**Anteil der Kräfte ca.**	**Bezugsgröße**
Schwache Kräfte	Bis zu einem Drittel	Anzahl der Kräfte, die zum Zeitpunkt der Beurteilung zur Verfügung stehen oder im Falle einer andauernden Zuführung von Kräften zur Verfügung stehen werden. Beim Entschluss ist es die Anzahl der Kräfte, die für den Bereich zur Aufgabenerledigung angestrebt werden.
Teilkräfte	Über einem Drittel bis zu zwei Drittel	
Starke Kräfte	Über zwei Drittel	

Anzusprechende Faktoren – Gefahren, Gefährdung

Ein mutmaßlicher Ladendieb ist geflüchtet und bedroht andere Menschen oder will sich selbst schädigen. Der Täter hat sich verschanzt und ist mit einem Messer bewaffnet. Es sind eine unbekannte Anzahl von Personen involviert.

Bewertung – Gefahren, Gefährdung
Die Ausnahmesituation des Täters in Verbindung mit seiner Bewaffnung (Messer) und einer unbekannten Anzahl von Personen im Einwirkungsbereich lassen Gefahren (mind. Körperverletzungen) wahrscheinlich erscheinen. Weitergehende Straftaten (Geiselnahme) müssen verhindert werden. Bei ungehindertem zeitlichem Ablauf können sich diese Gefahren realisieren. Die Identität der involvierten Personen ist mindestens für eine Zeugeneigenschaft relevant. Die Identität und der genaue Aufenthalt des mutmaßlichen Ladendiebs ist unbekannt, jedoch für die weitere Bearbeitung und Einschätzung relevant.

Schlussfolgerung – Gefahren, Gefährdung
Sofort, mit den zur Verfügung stehenden Kräften unter Verzicht auf die Bildung von Reserven:
- Aufklärung zur konkreten Situation
- Umstellung des Gefahrenbereiches
- Lokalisierung des Jugendlichen
- Festnahme und Identifikation des Täters
- Identifikation und zeugenschaftliche Befragung von Zeugen
- Anfordern von Notarzt und Rettungswagen

Es könnte an dieser Stelle die Meinung geben, die das Abwarten der Ankunft weiterer Kräfte als sicherere Variante betrachtet. Meines Erachtens ist dies aufgrund der unklaren Gefahrenlage nicht möglich. Zu diesem Zeitpunkt ist im Interesse der unbeteiligten Dritten ein sofortiges Handeln der vor Ort verfügbaren Kräfte gefragt. Selbstverständlich wäre die Ausgangssituation günstiger, wenn zwei Streifen mit vier Beamten vor Ort wären.

Die hier gewählten Fälle sollen die Systematik der BdL erklären und weniger die taktischen Maßnahmen sowie technischen-organisatorischen Maßnahmen erläutern. Hierbei würde es sich teilweise um VS-NfD-Inhalte handeln, auf die an dieser Stelle nicht eingegangen wird.

Ausführliche Erläuterungen finden sich im Handbuch zur PDV 100 VS-NfD. Führung und Einsatz. Hrsg. Thomas Kubera, Polizeipräsident PP Hamm, Nordrhein-Westfalen und Rudi Heimann, Vizepräsident Hessisches Landeskriminalamt, Loseblattwerk, ca. 4050 Seiten, € 118,– 4 Ordner, ISBN 978-3-415-05991-7. Nur für Polizeibedienstete. Boorberg-Verlag.

---

[1] https://www.oecd.org/pisa/PISA2018_Lesen_DEUTSCHLAND.pdf, abgerufen 06.10.2023.

[2] Dörner, D. (2008). *Die Logik des Misslingens*. (S. 145). Hamburg: Rowohlt.

[3] Hofinger, G. (2003). Fehler und Fallen beim Entscheiden in kritischen Situationen. In S. Strohschneider (Hrsg.). *Entscheiden in kritischen Situationen*. Frankfurt am Main: Verlag für Polizeiwissenschaft.

[4] Hacker, W. & von der Weth, R. (2012). Denken – Entscheiden – Handeln. In P. Badke-Schaub, G. Hofinger & K. Lauche (Hrsg.). *Human Factors. Psychologie sicheren Handelns in Risikobranchen*. 2. Auflage. Heidelberg: Springer.

[5] Schwarzer, R. & Jerusalem, M. (2002). Das Konzept der Selbstwirksamkeit. *Zeitschrift für Pädagogik - Beiheft, 44*. 28-53.

[6] Pfister H. R., Jungermann, H. & Fischer, K. (2017) Grundbegriffe. In H. R. Pfister, H. Jungermann & K. Fischer (Hrsg.). *Die Psychologie der Entscheidung*. (S. 16). Berlin: Springer.

[7] Janis, I. L. & Mann, L. (1977). *Decision making: A psychological analysis of conflict, choice, and commitment*. New York: Free Press.

[8] Mann, L. (1989). Becoming a better decision maker. *Australian Psychologist, 24*(2), 141-155.

[9] Shewhart, W. A. (1986). *Statistical Method from the Viewpoint of Quality Control*. New York: Dover.

[10] FwDV 100 (1999). *Feuerwehrdienstvorschrift 100. Führung und Leitung im Einsatz – Führungssystem*. Arbeitskreis V der Ständigen Konferenz der Innenminister und -senatoren der Länder.

[11] BMV (1998). *Heeresdienstvorschrift (HDv) 100/200 (Führungsunterstützung im Heer)*. Bonn: Bundesministerium für Verteidigung.

[12] Ford, D. (2010). *A vision so noble. John Boyd, the OODA Loop, and America's War on Terror*. Durham: Warbird Books.

[13] VDV 756 (2008). *Leitfaden für die strukturierte Entscheidungsfindung in Eisenbahnunternehmen*. Köln: Beka.

[14] V. Cochenhausen, F. (1924). *Die Truppenführung: Ein Handbuch für den Truppenführer und seine Gehilfen*. (S. 26 f.). Berlin: E. S. Mittler & Sohn.

[15] BMV (1998). a. a. O.

[16] BGH, Urteil vom 26. April 2017 - 2 StR 247/16 - LG Limburg an der Lahn; ECLI:DE:BGH:2017:260417U2STR247.16.0

[17] BVerwG, Beschluss vom 22. Juni 2001 – 6 B 25/01, NVwZ 2001, 1285, 1286

www.ingramcontent.com/pod-product-compliance
Lightning Source LLC
Chambersburg PA
CBHW070855220526
45466CB00005B/2005